MÉTHODE NOUVELLE

POUR

APPRENDRE ET ENSEIGNER A CALCULER

AUSSI VITE QUE LA PENSÉE

ET

AVEC LA PLUS GRANDE EXACTITUDE

PAR GRANDSARD

Receveur municipal de la ville d'Épinal (Vosges).

DEUXIÈME ÉDITION, CORRIGÉE ET SIMPLIFIÉE.

LYON

A. BRUN ET Cie, LIBRAIRES DES ÉCOLES

Rue Mercière, 5.

1854.

V

MÉTHODE NOUVELLE

POUR

APPRENDRE ET ENSEIGNER A CALCULER

AUSSI VITE QUE LA PENSÉE

ET

AVEC LA PLUS GRANDE EXACTITUDE

PAR GRANDSARD

Receveur municipal de la ville d'Épinal (Vosges).

DEUXIÈME ÉDITION, CORRIGÉE ET SIMPLIFIÉE.

LYON.

A. BRUN ET CIE, LIBRAIRES DES ÉCOLES,

Rue Mercière, 5.

1854.

Tout exemplaire non revêtu de la signature de l'Auteur sera réputé contrefait.

Grandsard

Lyon. Imp. NIGON, rue Chalamont, 7.

AVERTISSEMENT.

Apprendre, en quelques mois, aux enfants à calculer avec une rapidité et une sûreté d'exécution qui, dans l'état actuel de l'enseignement, ne s'acquièrent qu'après une pratique longue et constante, c'est leur rendre un service dont je n'ai pas besoin de faire sentir l'importance. Aussi est-ce avec confiance que j'offre au public cette deuxième édition d'une méthode qui a produit le résultat dont je parle chez tous les enfants soumis aux exercices qu'elle renferme. Je puis invoquer à cet égard les témoignages flatteurs déjà placés en tête de la première édition, et que je crois devoir reproduire ici.

L'enseignement simultané et l'enseignement mutuel conviennent à la nature de cet ouvrage.

Pour le premier, il faut un exemplaire de l'ouvrage complet entre les mains du maître, et entre les mains de chaque élève le petit cahier contenant les tableaux seulement.

Pour le deuxième, le maître, ainsi que chaque moniteur, doit avoir l'ouvrage complet, et chaque cercle une collection des tableaux imprimés en placards. Dans les écoles où ce deuxième mode est en usage, on remplacerait avec avantage les tableaux-placards par le petit cahier mis entre les mains de chaque élève; il y aurait économie de temps.

Attestations accordées à l'auteur en résultat des expériences de sa *Méthode* faites publiquement en présence du Conseil municipal de la ville d'Épinal, de la Société d'Émulation du département des Vosges, de M. le Préfet et d'un certain nombre de Membres du Conseil général du même département.

Extrait du registre des délibérations du Conseil municipal d'Épinal (séance du 25 août 1851).

» M. Grandsard a amené dans le sein de la Commission un certain nombre de jeunes enfants, de 7 à 13 ans, qui ont été dressés d'après sa méthode, et qui, presque tous, ont exécuté les quatre opérations de l'arithmétique avec une habileté, une prestesse et une sûreté qu'il est difficile et très rare de rencontrer, non seulement dans des enfants aussi jeunes, mais même dans des hommes faits, dans des individus qui ont passé leur vie à grouper des chiffres. Deux ou trois surtout de ces enfants (l'un à peine âgé de 8 ans) étonnent par la rapidité et l'exactitude avec lesquelles ils opèrent, et il est tout d'abord impossible de ne pas reconnaître tout ce que la méthode de M. Grandsard offre de miraculeux, quand on voit d'aussi jeunes élèves chiffrer avec plus d'assurance et de promptitude que les hommes qui ont passé vingt ou trente années de leur vie dans les finances ou dans le relevé des opérations du cadastre. Tous les Membres de la Commission ont été vivement frappés des beaux résultats de cette méthode, et tous se sont empressés d'exprimer le désir de voir mettre en relief une découverte qui doit modifier si profondément les études scientifiques, simplifier et abréger les travaux si fastidieux des professeurs et des élèves.

Pour extrait conforme :

Le Conseiller faisant les fonctions de Maire,

M.-N. ÉVON.

Rapport d'une Commission prise dans le sein de la Société d'Émulation du département des Vosges.

Le 18 juin, la Commission désignée par la Société se rendit chez M. Grandsard, et là une sorte d'examen eut lieu; chaque élève, appelé à son tour, traça sur un tableau les chiffres qui lui furent dictés par les membres de la Commission, et fit, avec une rapidité extrême, les diverses opérations qui lui furent demandées. Addition, soustraction, multiplication, division, tout cela se fit avec une facilité merveilleuse et une habileté telle, qu'il semblait que ses élèves reçussent l'impulsion d'une sorte de mécanisme.

Le succès fut donc complet et le résultat unanimement constaté.

Épinal, le 26 août 1851.

Le Secrétaire perpétuel de la Société, membre de la Commission,

Signé : HAXO.

Signé : GUERY, GRILLOT, BEAURAIN.

Le Président de la Société atteste également l'exactitude des faits et des résultats consignés au présent rapport, pour en avoir été témoin à la séance de la Société où M. Grandsard a présenté ses élèves.

Épinal, le 26 août 1851.

Signé : MAUD'HEUX.

Certifié conforme à l'original qui nous a été présenté.

Épinal, le 27 août 1851.

Le Maire provisoire,

M.-N. ÉVON.

Préfecture du département des Vosges.

NOUS, PRÉFET DES VOSGES,

Certifions que, le 30 août dernier, en notre présence et en celle d'un grand nombre de Membres du Conseil général, la *Méthode de Calcul* inventée par M. Grandsard a été pratiquée par plusieurs de ses élèves des deux sexes, âgés de 7 à 13 ans, et que ceux-ci ont exécuté les quatre premières opérations de l'arithmétique avec une rapidité et une exactitude qui ont excité au plus haut point notre étonnement et celui de toutes les personnes présentes à cette séance.

Épinal, le 18 septembre 1851. EUG. DEPERCY.

INTRODUCTION.

ESPRIT DE LA MÉTHODE.

Par chacune des quatre opérations de l'Arithmétique, nous nous proposons de découvrir un nombre inconnu à l'aide de nombres placés sous nos yeux ou connus de nous.

Eu égard aux limites de nos facultés, nous sommes obligés de procéder partiellement à cette recherche, afin que nos appréciations ne portent que sur trois nombres aussi restreints que possible.

Or, pour faire d'habiles calculateurs, il suffirait de trouver un moyen pratique de grouper ces trois derniers nombres dans l'esprit des élèves d'une manière inséparable, c'est-à-dire de telle sorte que l'inconnu se révélât instantanément par la présence ou l'énoncé des deux autres.

Pour arriver à ce résultat, j'ai dû porter mon attention sur la manière dont le praticien exécute les quatre opérations.

Je prends pour exemple cette addition :

3
4
8
5
9
6

D'abord la vue seule des chiffres $\genfrac{}{}{0pt}{}{3}{4}$ détermine subitement en moi l'idée de 7 ; seulement, je m'étonne de trouver aussi facilement les sommes de 7 et 8, de 15 et 5, de 18 et 9, de 27 et 6, bien que je n'aie pas sous les yeux les nombres 7, 15, 18 et 27. Mais, pour peu que je réfléchisse, je ne tarde pas à m'apercevoir qu'en prononçant ces nombres à haute voix, ils m'ont affecté l'ouïe de différents sons qui m'en rappellent les formes et me mettent à même de superposer mentalement et successivement, savoir : 7 au-dessus de 8, 15 au-dessus de 5, 18 au-dessus de 9, et 27 au-dessus de 6, pour obtenir les sommes 15, 18, 27, 33 ; ce qui suppose l'exercice antérieur et simultané des sens de la vue et de l'ouïe.

Ce qui est bien plus remarquable, c'est que si je compare cette même addition à la suivante :

8
9
8
3
9
6

après les avoir décomposées ainsi :

3 }
4 } 7 }
8 · 8 } 15 }
3 . . . . 3 } 18 }
9 . . . . 9 } 27 }
6 . . . . 6 } 33

8 }
9 } 17 }
8 ·. 8 } 25 }
3 . . . . 3 } 28 }
9 . . . . 9 } 37 }
6 . . . . 6 } 43

j'observe qu'en faisant également ces deux additions à haute voix, l'œil et l'oreille sont simultanément frappés d'aspects et de sons qui se renouvellent à peu près semblables à chaque rencontre des mêmes unités simples ; il n'y a de différence qu'en ce qui concerne les dizaines, dont l'influence est trop peu sensible pour détruire ou même affaiblir cette similitude des aspects et des sons.

Exemples :

$7 + 8 = 15$; $17 + 8 = 25$
$15 + 3 = 18$; $25 + 3 = 28$
$18 + 9 = 27$; $28 + 9 = 37$
$27 + 6 = 33$; $37 + 6 = 43$

D'où je conclus que si l'aspect $\frac{7}{8}$ éveille en moi l'idée de 15, les idées de 25, 35, 45, 55, etc., ne sauraient me faire défaut à la vue ou à l'idée des aspects $\genfrac{}{}{0pt}{}{17}{8}$, $\genfrac{}{}{0pt}{}{27}{8}$, $\genfrac{}{}{0pt}{}{37}{8}$, $\genfrac{}{}{0pt}{}{47}{8}$; il en est ainsi de toutes les unions formées des 9 chiffres ou unités du premier ordre.

La somme d'un nombre composé et d'un nombre simple nous est donc révélée par l'aspect ou le son des unités de ces nombres. En effet, 83 et 4 sont pour moi la même chose que 3 et 4, l'adjonction des dizaines aux unités n'étant qu'une chose d'ordre que nous apprenons sans peine par la seule nomenclature 10, 20, 30, etc.

Il suffit donc de connaître les sommes des aspects, au nombre de 45, que l'on peut avoir en groupant deux à deux les nombres d'un chiffre, pour n'éprouver ensuite aucune difficulté dans les additions les plus compliquées.

C'est par un travail analogue, mais beaucoup plus facile encore, que nous faisons la multiplication dans la pratique.

Ainsi, l'union formée par deux facteurs partiels quelconques n'éveille plus en nous qu'une seule idée. Par exemple, l'aspect $\genfrac{}{}{0pt}{}{6}{8}$ n'éveille en moi, dans la multiplication, que l'idée de 48, tandis que, dans l'addition, il fait naître les idées de 14, 24, 34, 44, etc.

La soustraction et la division ayant pour objet de trouver l'un des trois nombres déjà soumis à notre appréciation, soit dans l'addition, soit dans la multiplication, on comprend que l'élève habitué à grouper ces trois nombres dans sa pensée, d'une manière inséparable, saura bien, deux de ces nombres lui étant donnés, dire quel est celui qui est absent. Ainsi, quand il aura uni étroitement les nombres 3 et 4 avec leur somme 7 d'une part, et de l'autre avec leur produit 12, si on lui donne la somme 7 ou le produit 12 et le nombre 4, il n'hésitera pas à dire 3 pour le nombre absent.

Cela posé, je me suis demandé pourquoi les enfants apprennent mieux et plus vite la lecture que le calcul, quoique le premier travail soit bien plus difficile que le second, à cause de la grande multiplicité d'aspects et de sons qu'il présente. A cela la réponse est facile : c'est que nos méthodes de lecture localisent, en les classant dans des tableaux, les lettres et les syllabes, quand, au contraire, nos méthodes de calcul mobilisent constamment les nombres et en multiplient sans limite les aspects, sans autre guide que le hasard.

Aussi, que résulte-t-il de la marche suivie pour l'enseignement de la lecture? C'est que l'exercice simultané des deux sens de la vue et de l'ouïe sur une syllabe quelconque, comme *bo*, par exemple, suggère immédiatement à l'enfant le son de la syllabe écrite, et lui suggère également les caractères qui forment la syllabe dont on prononce le son. Il y a plus, c'est que l'enfant finit par lire un mot, quelque grand qu'il soit, au seul aspect de ce mot, sans qu'il ait la pensée de faire le détail non seulement des lettres, mais même des syllabes. D'où il suit évidemment que l'association est une opération facile à l'enfant quand on lui présente réunies les idées qu'il doit associer.

Pourquoi donc, ce qu'il fait pour la lecture, ne le ferait-il pas pour le calcul, où la diversité des aspects et des sons est infiniment moindre? Il doit au contraire acquérir, en beaucoup moins de temps, une plus grande habileté dans le calcul, si l'enseignement est analogue à celui de la lecture.

Mais peut-on enseigner par les mêmes moyens la lecture et le calcul, qui semblent deux choses si différentes? Je n'hésite pas à l'affirmer.

En effet, la rencontre des deux chiffres 3 et 4 dans l'addition donne le son *sept*, absolument comme dans la lecture, la rencontre des deux lettres *b* et *a* donne le son *ba*. Or, par l'épellation, on conduit l'enfant à prononcer la syllabe *ba* à l'aspect des deux lettres qui la composent ; de même, par l'épellation, on le conduira à dire *sept* à l'aspect des deux chiffres 3 et 4. Ainsi, de l'épellation de la ligne suivante

3	2	2	3	2
4	7	4	6	5

faite en ces termes : trois — quatre, sept; deux—sept, neuf; deux — quatre, six; trois — six, neuf; deux — cinq, sept, l'élève passera facilement à la lecture de la même ligne, en ces termes : sept, neuf, six, neuf, sept.

Ce que je viens de dire pour les sommes des 45 groupes est également applicable à leurs produits.

Or, nous avons montré que l'étude des 45 combinaisons des

nombres d'un chiffre pris deux à deux renferme toute l'addition et toute la multiplication.

Quant à l'adjonction des dizaines dans l'addition, il est très facile de faire comprendre aux enfants que c'est quelque chose d'analogue à l'adjonction de la lettre *p*, par exemple, devant la syllabe *ra* pour donner *pra*; en d'autres termes, de même que la lettre placée devant une syllabe ne saurait en altérer le son final, de même l'adjonction de 2 dizaines devant l'aspect $\genfrac{}{}{0pt}{}{3}{4}$ ne saurait altérer le son *sept*. Ainsi, entre 3 et 23 sous le rapport de l'addition avec 4, il n'y a que la différence qui existe entre la consonne simple *r* et la consonne double *pr* combinées avec *a*.

En outre, de même que les exercices de la lecture permettent à l'élève qui entend prononcer *ba* de rétablir les deux lettres qui composent cette syllabe, de même l'élève exercé au calcul par des moyens analogues n'hésitera pas à dire quel est le chiffre qui, combiné avec 3, donne 7 pour somme ou 12 pour produit. Cette remarque suffit pour faire comprendre que les études qui conduisent à l'addition et à la multiplication conduisent aussi à la soustraction et à la division. Seulement, en ce qui concerne la division, comme les retenues fournies par les derniers chiffres du diviseur laissent subsister l'incertitude au sujet du véritable chiffre du quotient, je ne me suis pas borné à rendre plus rapide l'exécution de la règle pratique suivie dans les écoles, j'ai encore indiqué des règles pour servir de guides dans l'appréciation du quotient.

CONDITIONS DE SUCCÈS.

Je recommande expressément de faire les exercices qui suivent de la manière que j'indique, et de ne jamais passer d'un exercice à un autre avant que l'exécution du premier soit aussi parfaite et aussi rapide que possible.

Lorsqu'un élève se trompe dans un exercice quelconque, il faut le reprendre immédiatement et lui faire recommencer l'opération partielle sur laquelle il s'est trompé.

Chaque élève doit faire tous les exercices sans exception.

NUMÉRATION.

Tableau n° 1.

1\. — Je montre aux élèves avec une baguette le premier des chiffres du tableau n° 1, et je leur dis qu'il se nomme 1; chacun d'eux répète alternativement ce nom. Je leur montre de même le deuxième, que je leur nomme. Je leur fais répéter ces deux chiffres à tous; après quoi, je montre et je nomme le troisième. Je fais répéter les trois, allant, pour l'un des élèves, de droite à gauche, et pour un autre, de gauche à droite; j'en agis de même pour les suivants, tout en m'assurant par des questions faites sur les noms des chiffres intermédiaires que tous les élèves les connaissent, non par cœur, mais bien par leurs formes. Je leur apprends ensuite à écrire ces chiffres au tableau sous ma dictée et avec toute sorte d'inversions.

2\. — Je montre la seconde ligne du tableau n° 1, et j'explique que 4, accompagné d'un chiffre quelconque à sa droite, vaut 4 dizaines, c'est-à-dire 4 fois 10 ou 40; de même que 9 vaut 9 dizaines, 9 fois 10 ou 90, etc.

Je fais réciter ces deux premières lignes à chaque élève en ces termes: 4 font 40, 9 font 90, 2 font 20, 3 font 30.

Si l'élève hésite, je répète à sa place, et je le fais recommencer. En général, pour l'étude de tous mes tableaux, dès que j'ai montré et nommé à l'élève un nombre ou un aspect, le cinquième, par exemple, je reprends le premier; de celui-ci je passe à ce cinquième, de là au deuxième, pour revenir encore au cinquième, que je fais toujours répéter après chacun des précédents, de manière que, arrivé au dernier, la ligne entière soit parfaitement sue, tout en évitant la routine et le par cœur.

3. — Après m'être assuré que la valeur de chacun des nombres des deux premières lignes est bien connue de tous les élèves, je fais remarquer que si 4, accompagné d'un chiffre à sa droite, vaut 40, 40 et 7, composant le premier aspect de la troisième ligne, valent 47; que 40 et 2, placés dessous, valent 42, et ainsi de suite en descendant la ligne verticale.

Si l'on ne fait ce dernier exercice qu'après s'être convaincu que les élèves connaissent parfaitement les deux premières lignes, les lignes verticales doivent être apprises dans un instant, excepté la septième, composée de 1, 10, 14, 18, etc., qui demandera un exercice un peu plus long, en raison des nombres 14, 13, 16, 15, 12 et 11, dont le son final ne résulte pas, comme pour les autres, de l'énoncé du chiffre qui accompagne chaque dizaine, comme 10 + 8 = 18. (On ferait bien, dans l'enseignement, de dire dix-un, dix-deux, dix-trois, dix-quatre, dix-cinq, dix-six, comme on dit dix-sept, dix-huit et dix-neuf.) Il est bien entendu que, pour cette colonne comme pour les autres, les nombres devront être décomposés, c'est-à-dire que l'élève sera exercé à dire 10 et 4 font 14, 10 et 8 font 18, 10 et 5 font 15, etc. Cet exercice ainsi fait sur tous les nombres du tableau aura, d'ailleurs, quelque influence sur les études relatives à l'addition. On fera ensuite lire les nombres dans chaque ligne horizontale.

Tant que les élèves ne pourront pas dire tous les nombres du tableau, pris au hasard, on continuera ces exercices de la même manière ; ensuite on se bornera à leur en faire dire les sommes, comme 47, 63, etc.

Je leur fais également écrire ces nombres avec des inversions.

Tous les élèves que j'ai entrepris, ne sachant pas un seul chiffre, ont appris à lire ces nombres en sept ou huit leçons, la connaissance des deux premières lignes rendant celle des autres lignes d'une extrême facilité.

Tableau n° 2.

4. — Pour passer de cette simple numération à celle des centaines, qui est suffisante pour la lecture de tous les nombres imaginables, divisés par tranches de trois chiffres, je forme un nouveau tableau d'après les principes et les vues du précédent. (*Voir tableau n° 2.*)

L'étude de ce tableau est absolument la même que celle du tableau n° 1, c'est-à-dire que j'explique que si 4 devient 4 dizaines ou 40, en compagnie d'un chiffre à sa droite, il devient 40 dizaines ou 4 centaines ou 400, lorsqu'il est accompagné de deux chiffres. J'exerce les élèves à dire les trois premières lignes en ces termes :

4 font 4 dizaines ou 40, font 40 dizaines ou 4 centaines ou 400 ; 9 font 9 dizaines ou 90, font 9 centaines ou 900, etc. Je leur fais réciter les autres lignes verticales en leur faisant observer que les deux chiffres de droite ont les mêmes aspects et les mêmes valeurs qu'au premier tableau. On fera aussi lire les lignes horizontalement. Ils sont également tenus d'écrire ces centaines sous la dictée du maître.

Cet exercice a l'avantage de remémorer les connaissances acquises au premier tableau, dont, dès lors, on peut suspendre la répétition.

Les élèves seront ensuite exercés à la lecture du tableau, en exprimant les noms des tranches. D'abord on leur fera dire la tranche des unités, ensuite celle des mille et des unités, celle des millions, des mille et des unités, etc. Du reste, le maître aura soin de leur dicter des nombres sur un tableau noir, afin de s'assurer qu'ils ont retenu l'ordre et les noms des tranches du tableau n° 2, susceptible, d'ailleurs, d'une infinité de variantes.

Tableau n° 3.

5.—Chaque élève devra réciter par cœur ce tableau, par colonnes verticales, de cette manière:

Première colonne: 0 fait 10, 20, 30, 40, etc.

Deuxième colonne: 1 fait 11, 21, 31, 41, etc.

De même pour toutes les colonnes verticales.

Ce tableau est destiné à faciliter aux élèves l'addition d'une dizaine à un nombre quelconque et sera d'un grand secours pour l'addition.

ADDITION.

Tableau n° 4.

6.—On fera d'abord réciter ce tableau par ligne horizontale de gauche à droite; le maître ou le moniteur dira, pour la première ligne: 5, 4, 7; 2, 7, 9; 2, 4, 6; et les élèves répèteront de même. Puis, quand ces trois groupes seront appris, on fera réciter les trois groupes suivants dans les mêmes termes; quand ceux-ci seront appris, on répètera les six premiers, et enfin on passera aux trois derniers groupes de la ligne, après l'étude desquels on fera répéter les neuf groupes, jusqu'à ce que la récitation soit aussi prompte que possible. Alors seulement on passera à la deuxième ligne horizontale qu'on étudiera comme la première; quand elle sera apprise, on fera répéter les deux premières lignes horizontales avant de passer à la troisième; on continuera de même à répéter toutes les lignes précédentes, après l'étude de chaque ligne horizontale, jusqu'à ce que toutes les lignes soient sues parfaitement.

Après cela, pour déjouer la routine, on fera réciter les colonnes horizontales dans les mêmes termes, mais de droite à gauche, et cette récitation sera elle-même suivie d'une récitation des colonnes verticales.

On n'abandonnera ces exercices que quand les élèves feront parfaitement les trois récitations.

J'insiste pour que, dans les récitations, on n'emploie pas la conjonction *et*, qu'on ne dise pas, par exemple: 3 et 4, 7; cette conjonction étant embarrassante pour une lecture rapide. Je recommande aussi d'exciter les élèves à prononcer le plus vite possible: il ne faut pas qu'ils prennent l'habitude de mettre un temps d'arrêt entre chaque groupe et le suivant, ni qu'ils hésitent à dire les résultats des différents groupes.

7. — On fera ensuite un deuxième exercice, qui consiste à faire trois récitations du tableau (horizontalement de gauche à droite, horizontalement de droite à gauche et enfin verticalement), mais, cette fois, en ne disant plus que les résultats. Ainsi, pour la première ligne horizontale, on dira seulement: 7; 9; 6; 9; 7; 5; 8; 9; 8; c'est-à-dire la somme de chaque groupe, et de même pour les autres.

Cette étude ne devra être abandonnée que lorsqu'elle se fera dans les trois sens, comme une lecture des plus rapides.

Avant l'étude du tableau n° 5, on fera faire une répétition du tableau n° 3.

Tableau n° 5.

8. — Ce tableau n'est autre que le précédent, avec addition d'une dizaine à chaque chiffre supérieur; par conséquent, les unités étant les mêmes, chaque groupe donne le même son que le correspondant du tableau n° 1. Pour familiariser les élèves avec cette similitude des sons, on fera un premier exercice par colonnes horizontales et en ces termes: 3, 4; 7; 13, 4, 17; 2, 7, 9; 12, 7, 19; de même pour tous les groupes.

Après cette première récitation, on en fera une deuxième, toujours par lignes horizontales, mais en ne prononçant, pour chaque groupe, que le nombre supérieur et le résultat de cette manière. 13, 17; 12, 19; 12, 16; etc. Pour cette deuxième récitation, on étudiera chaque ligne séparément et dans les trois sens, comme pour le tableau n° 1.

Tableau n° 6.

9. — Ce tableau n'est que le tableau n° 2 avec inversion dans chaque groupe et donne lieu aux mêmes exercices.

Tableaux n° 7, 8 et 9.

Les mêmes exercices que pour le tableau n° 2.

Tableau n° 10.

10. — Lorsque tous les élèves réciteront habilement les tableaux contenant des dizaines, on commencera l'étude du tableau n° 7.

On ne considèrera d'abord que la ligne ci-après, écrite en tête du tableau :

6, 2, 9, 4, 7, 1, 3, 5, 8.

On invitera chaque élève à superposer mentalement au-dessus de chacun des nombres qui composent cette ligne, comme s'il y était écrit, chacun des neuf premiers nombres en commençant par 1, et à dire la somme du chiffre superposé et de chacun des chiffres de la ligne : 1° de cette manière, en commençant par la droite : 1, 8, 9 ; 1, 5, 6 ; 1, 3, 4 ; etc. ; puis 2, 8, 10 ; 2, 5, 7 ; 2, 3, 5 ; etc. ; 2° de cette manière : 1, 9 ; 1, 6 ; 1, 4 ; 1, 2 ; etc. ; puis 2, 10 ; 2, 7 ; 2, 5 ; 2, 3 ; etc.

On fera ensuite superposer 3, 4, 5, 6, 7, 8, 9, et l'on continuera ces superpositions jusqu'à ce que chaque élève les fasse toutes très promptement ; alors on recommencera à faire superposer 1 à chaque élève, puis immédiatement après 11, puis 21. Quand tous feront bien cet exercice, on fera superposer 2, puis 12, puis 22, et de même pour chacun des neuf chiffres.

11. — On prendra ensuite les trois premières lignes horizontales suivantes :

6 2 9 4 7 1 3 5 8
5 9 2 7 4 0 8 6 3
2 9 4 7 1 3 5 8 6

pour en faire l'addition avec les superpositions ci-dessus.

D'abord les élèves devront superposer 1 au-dessus de

chaque ligne verticale et faire l'addition en ces termes : 1, 9, 12, 18 ; 1, 6, 12, 20 ; 1, 4, 12, 17 ; etc.

Après avoir fait superposer 1, on prendra 11, puis 21.

On fera ensuite superposer successivement 2, 12, 22 ;
puis 3, 13, 23 ;
puis 4, 14, 24.

Ainsi de suite pour chacun des neuf premiers nombres.

Pour chaque nombre à superposer, on avertira les élèves du son uniforme que donne la somme du chiffre superposé et des deux premiers chiffres de chaque colonne verticale.

12. — On prendra alors les cinq premières colonnes horizontales et on répètera les mêmes exercices que sur les trois premières, c'est-à-dire qu'on fera l'addition des différentes colonnes en superposant mentalement les mêmes nombres que ci-dessus : 1, 11, 21 ; 2, 12, 22 ; 3, 13, 23 ; etc.

13. — Enfin, on prendra les sept lignes, pour lesquelles on fera les mêmes exercices.

Dans ces exercices, si un élève éprouve quelque difficulté à dire promptement, par exemple, pour la première ligne : 11, 17, 23, 25, 26, 35, on lui fera répéter les sommes partielles de cette manière : 11, 17 ; 17, 23 ; 23, 25 ; 25, 26 ; 26, 35 ; cette répétition a pour objet de faire voir à l'élève qu'il doit fixer son attention sur ces sommes afin de les placer mentalement au-dessus du chiffre suivant. Toutes les fois qu'un élève éprouvera de l'hésitation, on le fera réciter de cette dernière manière, jusqu'à ce que l'hésitation ait cessé complètement. Ce mode de récitation doit s'appliquer, du reste, à toutes les additions suivantes.

Il est entendu que, dans aucune de ces additions, on ne reporte les retenues d'une colonne à la colonne suivante ; on s'abstiendra également de faire écrire les sommes trouvées, tous les exercices devant avoir lieu de vive voix.

Ces exercices du tableau n° 10, présentant la rencontre de chacun des neuf sons différents avec tous les autres, offrent tous les cas possibles de l'addition, et si l'on a eu soin de ne jamais abandonner un exercice, qu'il n'ait été parfaitement exécuté, l'étude de l'addition est complète ; cependant, comme, dans les exercices précédents, il pourrait s'être introduit un peu de routine, nous allons donner des exemples d'additions reproduisant les mêmes exercices, mais sans succession régulière des mêmes sons.

Tableau n° 11.

14. — Ce tableau présente une addition divisée en 5 parties, comme celle du tableau n° 10. Elle donnera également lieu à des exercices qui s'effectueront d'abord sur 5 lignes, ensuite sur 5 et enfin sur l'ensemble de cette addition, qui est composée de manière à produire, dans chaque ligne horizontale ajoutée aux précédentes, les sons des 9 premiers nombres; et à réunir, dans une certaine limite, toutes les combinaisons possibles au moyen des superpositions mentales ci-après, savoir :

Sur chaque ligne verticale de la 1re partie, on superposera les nombres 11, 21; 12, 22; 13, 23; . . . . 19, 29.

Sur chacune de ces mêmes lignes, augmentées d'abord de la 2e partie et ensuite de la 3e, on ne superposera plus que 11, 12, 13, 14, 15, 16, 17, 18 et 19.

Du reste, l'addition se fera dans les mêmes termes que celle du tableau n° 10.

Tableau n° 12.

15. — Cette addition se fera sans superposition mentale, ainsi que celles des tableaux n°s 13 et 14. Les élèves les feront d'abord en ces termes, en commençant par la 1re colonne à droite : 6, 14; 14, 17; 17, 19; 19, 22; de même pour toutes les colonnes.

Quand tous les élèves réciteront très bien de cette première manière, on leur fera abandonner la répétition des sommes partielles, et ils additionneront comme il suit :

6, 14, 17, 19, 22, pour la 1re colonne.
9, 11, 18, 22, 24, pour la 2e — etc.

On maintiendra les élèves sur cette addition jusqu'à prompte et parfaite exécution.

Lorsqu'un élève hésite pour dire par exemple 19, 22, quand on rencontre $\genfrac{}{}{0pt}{}{19}{3}$, il faut le rappeler au tableau n° 4 par cette question $\genfrac{}{}{0pt}{}{9}{3}$; s'il répond 12, on lui demande $\genfrac{}{}{0pt}{}{19}{3}$, et il répond immédiatement 22. Au reste, ces hésitations ne doivent pas se présenter si les exercices antérieurs n'ont pas été abandonnés trop tôt.

16. — Un deuxième exercice consiste à faire recommencer l'addition, en ajoutant mentalement 1, 2 dizaines à chacun des chiffres de la 1re colonne horizontale. Ainsi, pour la 1re colonne verticale, l'élève dira d'abord : 12, 16, 24, 27, 29, 32;

puis : 22, 26, 34, 37, 39, 42.

De même pour chacune des autres colonnes verticales.

Tableaux nos 13 et 14.

17. — Exactement les mêmes exercices que pour le tableau n° 12. L'addition n° 14 est la réunion des deux précédentes et par conséquent ne donnera pas beaucoup de peine. Cette addition est aussi composée de manière à présenter la rencontre de chacun des 9 sons élémentaires avec chacun des 9 premiers nombres, c'est-à dire qu'elle contient toutes les additions possibles.

Tableaux nos 15 et 16.

18. — Lorsque les élèves feront rapidement l'addition n° 14, on fera faire les additions 15 et 16 dans les mêmes termes, mais en écrivant les sommes et en reportant les retenues. Ces additions doivent être faites, la première dans une minute, la seconde dans une minute et demie au plus. Quand on aura obtenu ce résultat, on pourra poser des additions au hasard.

Je recommande de faire répéter le tableau n° 14 pendant tout le temps des exercices sur l'addition, parce que ce tableau résume tous les précédents.

SOUSTRACTION.

Tableau n° 17.

19. — L'étude de ce tableau aura lieu par colonnes horizontales de droite à gauche d'abord, puis de gauche à droite, en ces termes : 1re colonne horizontale : 2, 6, 8; 2, 3, 5; 7, 7, 14; 2, 5, 7; 2, 4, 6; 3, 6, 9; 3, 3, 6; 2, 7, 9; 3, 4, 7; puis : 3, 4, 7; 2, 7, 9; 3, 3, 6; 3, 6, 9; 2, 4, 6; 2, 5, 7; 7, 7, 14; 2, 3, 5; 2, 6, 8.

On fera de même l'étude de toutes les autres colonnes horizontales.

On remarquera que cette étude présente une suite de soustractions sans retenues.

Tableau n° 18.

20. — L'étude de ce tableau se fera comme pour le tableau n° 17.

Les tableaux nos 17 et 18 contiennent toutes les soustractions possibles. Lorsque les élèves les feront parfaitement dans les deux sens, on reprendra verbalement les soustractions de ces deux tableaux, en reportant cette fois les retenues d'une soustraction partielle à la suivante. Ainsi, pour la 1re ligne du tableau n° 18, on dira : 6, 2, 8; 3, 2, 5; 7, 7, 14; 6, 1, 7; etc., et l'on poursuivra ces exercices jusqu'à ce que les élèves les fassent aussi vite que possible; il faut les habituer à ne jamais s'arrêter pour passer d'une soustraction partielle à la suivante.

21. — Après cela on pourra leur poser des soustractions au tableau noir, en leur faisant écrire les résultats. Ainsi, pour la soustraction suivante :

$$\begin{array}{r} 46958 \\ 27567 \\ \hline 19391 \end{array}$$

L'élève dira 7, 1, 8, et il écrira 1; 6, 9, 15, et il écrira 9, et ainsi de suite. Il faut exiger que les élèves écrivent les chiffres 1, 9, etc., en même temps qu'ils les prononcent; quand ils en ont pris l'habitude, ils vont aussi vite en écrivant les résultats que quand ils font la soustraction verbalement.

MULTIPLICATION.

Tableau n° 19.

22. — Ce tableau est divisé par tranches de trois aspects. Chaque tranche sera étudiée séparément par ligne horizontale. Le moniteur dira lui-même, pour la première fois, les facteurs et les produits de la tranche à étudier.

Exemple : 3 fois 4, 12; 2 fois 7, 14; 2 fois 4, 8; chaque élève les redira après lui dans les mêmes termes de gauche à droite et de droite à gauche.

Après pareille étude de la 2e tranche : 3 fois 6, 18; 2 fois 5. 10; 2 fois 3, 6, chaque élève récitera les deux premières tranches dans les deux sens indiqués. L'étude de la 3e tranche sera suivie d'une récitation générale de la ligne étudiée, qui continuera à être récitée dans ses deux sens jusqu'à parfaite et prompte exécution.

Il en sera de même des lignes suivantes. Toutefois, après l'étude de chaque ligne, on récitera toutes les lignes précédemment apprises.

23. — Ensuite chaque ligne du même tableau sera séparément récitée par tous les élèves. Cette fois ils n'exprimeront plus que le produit de chaque aspect.

Exemple.

12, 14, 8, 18, 10, 6, 12, 20, 15 (1re ligne).
56, 48, 21, 72, 24, 63, 30, 54, 24 (2e ligne).

Ainsi des autres.

Une semblable récitation aura également lieu par ligne verticale du tableau.

Tableau n° 20.

24. — Ce tableau présente tous les facteurs qui peuvent se rencontrer dans les multiplications. Il sera étudié par tranche de trois chiffres au multiplicande, par un chiffre au multiplicateur. Chaque élève en dira les produits partiels sans tenir compte des retenues et sans exprimer les facteurs.

Exemple.

1re tranche : 54, 12, 36;
2e — 6, 42, 24;
3e — 48, 30, 18.

Dans les récitations, chaque élève dira, sans désemparer, les produits des trois tranches d'une ligne.

Toutes les autres lignes seront étudiées de la même manière.

Tableau n° 21.

25. — Les multiplications du tableau n° 21 seront également faites de vive voix sans parler des retenues :

1re multiplication : 18, 4, 12; 54, 12, 36;
2e — 2, 14, 8; 6, 42, 24;
3e — 16, 10, 6; 48, 30, 18.

Ainsi des autres, y compris celles qui ont trois chiffres au multiplicateur.

26. — Les multiplications du tableau n° 21 seront ensuite exécutées de vive voix, mais avec report des retenues.

Cette étude donnera lieu à deux sortes d'exercices.

PREMIER EXERCICE.

Après avoir exprimé le produit de deux facteurs, l'élève annoncera la retenue pour l'ajouter au produit suivant.

Exemple.

1re multiplication : { 18, 1; 4, 5; 12.
{ 54, 5; 12, 17, 1; 36, 57.

De même pour toutes les autres multiplications.

DEUXIÈME EXERCICE.

27. — L'élève dira, en une seule expression, la somme formée de chaque produit partiel et de la retenue faite sur le produit précédent.

Exemple.

1re multiplication : { 18, 1; 5; 12.
54, 5; 17, 1; 37.

Et ainsi de suite.

Chaque multiplication sera répétée par tous les élèves, jusqu'à parfaite exécution, pour l'un comme pour l'autre exercice.

C'est seulement alors que l'on fera des multiplications au tableau noir, en maintenant le laconisme du deuxième exercice.

Dans les premiers moments, on copiera toutes celles du tableau n° 21.

DIVISION.

Tableau n° 22.

28. — Ce tableau ne donne lieu qu'à un seul exercice fait en ces termes : 3 fois 4, 12, ou 2 fois 6, 12; 2 fois 7, 14; 2 fois 4, 8; etc., pour la première colonne verticale à gauche.

On remarquera que certaines lignes ont trois nombres; ainsi, nous trouvons :

12 — 4 — 6

et un peu plus loin 18 — 6 — 9

C'est parce que le produit 12 peut être considéré comme 3 fois 4 ou 2 fois 6, de même 18 peut être regardé comme 3 fois 6 ou 2 fois 9; pour 18 on dira comme pour 12 : 3 fois 6, 18, ou 2 fois 9, 18. De même pour tous les produits suivis de deux chiffres.

Quand un produit n'a qu'un chiffre à sa droite, c'est qu'il ne peut être composé que d'une seule manière.

Tableau n° 23.

29. — On ne commencera l'étude de ce tableau que quand les élèves réciteront parfaitement le tableau n° 22.

Les exercices se feront d'ailleurs de la même manière.

L'étude de ces deux derniers tableaux mettra l'élève à même de faire les divisions les plus faciles, savoir : celles où, le diviseur et le quotient n'ayant qu'un chiffre, le dividende est un multiple du diviseur.

On lui en fera faire un grand nombre de cette manière : Combien de fois 9 dans 27 ? L'élève devra répondre : 3 fois 9, 27.

Tableau n° 24.

30. — On prendra ensuite le cas où, le diviseur et le quotient n'ayant qu'un chiffre, le dividende n'est pas un multiple exact du diviseur ; pour ce cas, il faut que l'élève puisse reconnaître immédiatement quel est le multiple du diviseur immédiatement plus faible que le dividende.

On prendra, pour cela, le tableau n° 24, composé de huit parties, qu'on étudiera séparément. On fera diviser successivement tous les nombres de chaque ligne horizontale intitulée : *Dividendes*, par chacun des nombres de la colonne horizontale située au-dessus et intitulée : *Diviseurs.*

Par exemple, pour la première partie, l'élève devra dire :

En 10 { 2 est 5 fois juste ; 3 est 3 fois pour 9 ; 4 est 2 fois pour 8 ; 5 est 2 fois juste ; 6, 7, 8, 9 sont 1 fois.

En 11 { 2 est 5 fois pour 10 ; 3 est 3 fois pour 9 ; 4 est 2 fois pour 8 ; 5 est 2 fois pour 10 ; 6, 7, 8, 9 sont 1 fois.

De même pour tous les dividendes de la première partie.

On n'abandonnera la première partie que quand les élèves sauront parfaitement diviser tous les nombres de la deuxième ligne par chacun des nombres de la première.

L'étude de chacune des huit parties se fera de la même manière.

31. — Après cette étude, on fera faire des divisions de vive voix. Exemple: Combien de fois 7 dans 34? L'élève devra répondre : 4 fois pour 28, et il ajoutera : 28 et 6, 34. On lui apprendra que ce nombre 6, qu'il faut ajouter à 28 pour avoir 34, s'appelle le reste de la division. On lui fera remarquer en outre que ce qu'il faut ajouter à 28 pour avoir 34 n'est autre chose que ce qu'il faut ajouter à 8 pour avoir 14; et, pour s'assurer que cela a été bien compris, on fera faire un certain nombre de soustractions analogues, toujours verbalement.

32. — Ensuite on commencera l'étude des divisions où, le diviseur n'ayant qu'un chiffre, le quotient doit en avoir plusieurs.

Exemple: soit 4 5 6 7 6 9 à diviser par 6.

Cette division se fera en ces termes: En 45, 6 est 7 fois pour 42, reste 3; en 36, 6 est 6 fois juste; en 7, 6 est 1 fois, reste 1; en 16, 6 est 2 fois pour 12, reste 4; en 49, 6 est 8 fois pour 48, reste 1; et l'élève posera, successivement et au fur et à mesure qu'il les prononce, les chiffres 7, 6, 1, 2, 8 au-dessous du dividende, de cette manière:

4 5 6 7 6 9
7 6 1 2 8

33. — Après des exercices nombreux faits de cette manière, on prendra le cas où le diviseur a plusieurs chiffres; tout le monde sait que ce cas est le plus embarrassant, parce que le produit des derniers chiffres du diviseur par le chiffre du quotient fournit des retenues qui peuvent induire en erreur. Nous allons examiner ce cas avec la plus grande attention, et nous établirons des méthodes pour aplanir les difficultés qu'il présente.

Dans tout ce qui va suivre, je ne parlerai point des divisions où le diviseur commence par 1, ni de celles où il commence par les nombres 27, 28, 29. Ces divisions, qui sont les plus embarrassantes, ont été traitées à la fin de cet ouvrage. Cependant, au commencement de chaque leçon, à partir de ce moment, on consacrera quelques instants à l'étude du tableau n° 25, de manière à ce qu'il soit su quand on sera arrivé aux divisions par les nombres dont le premier chiffre à gauche est 1.

Tableau n° 25.

34. — On étudiera d'abord les produits des nombres pairs 12, 14, 16 par chacun des neuf premiers nombres. Ainsi, pour la 1re colonne horizontale, on dira : 6 fois 12, 72; 2 fois 14, 28; 9 fois 16, 144; 4 fois 12, 48; 7 fois 14, 98; 3 fois 16, 48. De même pour chacune des colonnes.

Le maître ou le moniteur devra connaître les produits ou les avoir à la main. Dans ce but, nous donnons le tableau suivant, qui les contient tous :

12 × 6 } 72	14 × 2 } 28	16 × 9 } 144	12 × 4 } 48	14 × 7 } 98	16 × 3 } 48
12 × 5 } 60	14 × 8 } 112	16 × 6 } 96	12 × 2 } 24	14 × 9 } 126	16 × 4 } 64
12 × 7 } 84	14 × 3 } 42	16 × 5 } 80	12 × 8 } 96	14 × 6 } 84	16 × 2 } 52
12 × 9 } 108	14 × 4 } 56	16 × 7 } 112	12 × 3 } 36	14 × 5 } 70	16 × 8 } 128

On fera ensuite recommencer la même récitation, mais de droite à gauche; puis on fera réciter le tableau par colonnes verticales, toujours sans s'occuper des nombres impairs 13, 15, 17.

35. — Quand les trois récitations seront parfaitement exécutées, on dira à l'élève que, pour avoir le produit de chacun des nombres impairs 13, 15, 17 par l'un quelconque des neuf premiers nombres, au produit du nombre pair immédiatement inférieur il faut ajouter le multiplicateur. Ainsi, 6 fois 12 font 72, et 6 fois 13 font 72 + 6 ou 78, et ainsi des autres.

Après cette observation, on fera réciter le tableau n° 25 de cette manière :

1re ligne horizontale : 6 fois 12, 72; 6 fois 13, 78; 2 fois 14, 28; 2 fois 15, 30, etc., et de même pour chaque ligne horizontale.

On fera ensuite les récitations dans les trois sens, en ne disant plus que les produits des nombres impairs.

36.—Après l'instant consacré, au commencement de chaque leçon à l'étude du tableau n° 25, on continuera l'étude de la division, dans le cas où le diviseur a plusieurs chiffres et ne fait pas partie des exceptions dont j'ai parlé plus haut.

On considèrera d'abord le cas où le diviseur n'a que deux chiffres, soit, par exemple, 475 à diviser par 64.

Je dis : En 47, 6 est 7 fois pour 42, reste 5 dizaines et 5 unités ou 55 pour couvrir le produit 28 des unités du diviseur par le quotient, donc 7 est exact. Pour trouver le reste de la division, voici en quels termes je recommande de faire les soustractions : 28 et 7 (que je pose) 35, je retiens 3; 45 (42 + 3) et 2 (que je pose) 47.

Tout ce qui est entre parenthèses ne se prononce pas.

Pour pouvoir énoncer plus facilement la règle suivie dans cette division, j'appellerai *reste d'essai* le reste 55 obtenu en mettant le chiffre suivant du dividende à la droite de la différence entre le premier ou les deux premiers chiffres à gauche du dividende (suivant le cas), et le produit du premier chiffre à gauche du diviseur par le quotient. Je nommerai d'ailleurs *facteurs-bases* le deuxième chiffre à gauche du diviseur et le chiffre du quotient.

Cela posé, toute la règle consiste à comparer le reste d'essai au produit des facteurs-bases; si le reste d'essai est égal ou supérieur à ce produit, le chiffre essayé est exact.

Si le quotient doit avoir plusieurs chiffres, on applique la même règle à chaque dividende partiel.

Soit à diviser 579456 par 86.

```
579456 | 86
 634   | 6737
  325
   676
    74
```

Je dis : En 57, 8 est 7 fois pour 56, mais il ne reste que 19; je prends immédiatement 6 pour 48, reste 99 pour couvrir 36. 36 et 3, 39, je retiens 3; 51 (48 + 3) et 6, 57.

Pour le deuxième dividende partiel : En 63, 8 est 7 fois

pour 56, reste 74 pour couvrir 42; 42 et 2, 44, je retiens 4; 60 et 3, 63.

Troisième dividende : En 32, 8 est 3 fois pour 24 (je n'ai pas pris 4, qui est évidemment trop fort, puisqu'il ne reste rien); reste 85 pour couvrir 18; 18 et 7, 25, je retiens 2; 26 et 6, 32.

Quatrième dividende : En 67, 8 est 8 fois pour 64, reste 36 pour couvrir 48; je prends 7 pour 56, reste 116. Toutes les fois que le reste d'essai a trois chiffres, il est inutile de pousser plus loin l'essai; on est sûr que le chiffre est exact.

37. — On fera bien de donner ici cette règle : Si le reste d'essai a trois chiffres, le quotient est exact; s'il n'a que deux chiffres, mais que son premier chiffre à gauche soit égal au plus petit des facteurs-bases, dans le cas où aucun d'eux ne surpasse 7, ou supérieur au plus petit des facteurs-bases, dans le cas où l'un d'eux surpasse 7, le quotient est exact.

S'il y a une différence de plus de 3 unités entre le premier chiffre à gauche du reste d'essai et le plus petit des facteurs-bases, on peut diminuer immédiatement le quotient de 1.

Cette dernière règle s'applique à toute espèce de divisions et constitue un moyen très rapide de reconnaître, dans beaucoup de cas, si le quotient est ou n'est pas exact.

Exemple : soit 346742 à diviser par 64752. En 34, 6 est 5 fois pour 30, reste d'essai 46; 4, premier chiffre à gauche de ce reste, étant égal au plus petit facteur-base, j'en conclus que 5 est exact.

Prenons un deuxième exemple où l'un des facteurs-bases surpasse 7, soit 35697 à diviser par 4276. En 35, 4 est 8 fois pour 32, reste d'essai 36; comme le premier chiffre à gauche est 3 et que le plus petit facteur-base est 2, 8 est exact. Dans ce cas, si le reste d'essai commençait par 2, on ne pourrait rien affirmer.

Soit encore 38974 à diviser par 6957. En 38, 6 est 6 fois pour 36, reste d'essai 29; comme le premier chiffre à gauche est 2 inférieur de plus de 3 au plus petit facteur-base 6, j'en conclus que 6 est trop fort et je prends 5.

38. — Examinons maintenant d'une manière spéciale le cas où le diviseur a au moins quatre chiffres et où la règle précédente n'est pas applicable.

Etablissons pour cela deux nouvelles définitions. Appelons *indicateur* le chiffre du quotient et le troisième chiffre (à gauche du diviseur) augmenté ou non de 1, suivant qu'il est inférieur ou au moins égal au quatrième, et *produit maximum* le produit des facteurs-bases augmenté du plus petit indicateur.

La retenue la plus forte que puisse donner la soustraction du produit des derniers chiffres du diviseur, à partir du troisième exclusivement, par le quotient, ne peut jamais excéder le plus petit indicateur.

Règle pratique : Si le reste d'essai est égal ou supérieur au produit maximum, le chiffre essayé est exact; si le reste d'essai est inférieur d'au moins 4 unités au produit maximum, le chiffre essayé doit être diminué de 1; si l'infériorité du reste d'essai, par rapport au produit maximum, est de 1, 2, 3 unités, on ne peut rien affirmer.

Cette règle ne peut présenter qu'un seul cas d'incertitude sur vingt chiffres à trouver au quotient.

Exemple : soit 267683 à diviser par 65574. En 26, 6 est 4 fois pour 24; reste d'essai 27; indicateurs 4 et 6. Le plus petit indicateur étant 4, le produit maximum est 20 + 4 ou 24; donc, puisque le reste d'essai est égal au produit maximum, le chiffre essayé est exact.

Nous conseillons d'écrire l'indicateur que donne le diviseur au-dessus du deuxième chiffre à gauche de ce diviseur, de cette manière :

```
           6
267683 | 65574
       |------
  5387 | 4
```

et de faire l'opération en ces termes : En 26, 6 est 4 fois, reste 27 pour couvrir 24 (20 + 4). Calcul du reste : 16 et 7, 23, je retiens 2, 30 et 8, 38, je retiens 3, 23 et 3, 26, je retiens 2; 22 et 5, 27, je retiens 2; 26 et 0, 26. Le reste est donc 5387.

Deuxième exemple : 346478 à diviser par 57346.

```
           4
346478 | 57346
       |------
  2402 | 6
```

En 54, 5 est 6 fois pour 30, reste 46 pour couvrir 42 + 4 ou 46, donc le quotient est 6.

Le reste d'essai est 46, le plus petit indicateur 4 et le produit maximum 46, c'est-à-dire 42 + 4.

Troisième exemple : 401741 à diviser par 98756.

	7
401741	98756
6717	4

En 40, 9 est 4 fois pour 36, reste 41 pour couvrir 32 + 4 ou 36, donc le quotient est 4.

Reste d'essai 41, plus petit indicateur 4, produit maximum 32 + 4 ou 36.

Quatrième exemple : 236672 à diviser par 47842.

	8
236672	47842
45304	4

En 23, 4 est 5 fois pour 20, reste 36 pour couvrir 35 + 5 ou 40 ; le reste d'essai 36 étant inférieur de 4 au produit maximum 40, on diminue 5 de 1.

59. Lorsque la différence entre le reste d'essai et le produit maximum est de 1, 2, 3 unités, nous avons dit qu'on ne peut rien affirmer ; si la différence n'est que de 1, on peut supposer le quotient exact et calculer le reste, sans être exposé à se tromper souvent.

Mais, si la différence est de 2 ou 3, on diminuera immédiatement le quotient de 1 ; dans certains cas, on aura un chiffre trop faible, mais le reste de la division contiendra encore le diviseur, et l'on en sera ainsi averti ; alors on augmentera le quotient de 1, et pour avoir le reste correspondant à ce nouveau quotient, du reste correspondant au quotient trop faible, on n'aura qu'à soustraire le diviseur.

Exemple : soit 239416 à diviser 47648.

	6
239416	47648
1176	5

En 23, 4 est 5 fois, reste 39 pour couvrir 35 + 5 ou 40; le reste d'essai n'étant inférieur que de 1 à ce produit maximum, je suppose que 5 est exact, et je calcule le reste. Je trouve ainsi qu'en effet 5 est le quotient.

Soit 524476 à diviser par 74674.

	7
524476	74674
1758	7

En 52, 7 est 7 fois pour 49, reste 34 pour couvrir 28 + 7 ou 35; malgré cette infériorité de 1, 7 est exact.

Soit 163987 à diviser par 54629.

	6
163987	54429
54729	3
100	

En 16, 5 est 3 fois, reste 13 pour couvrir 12 + 3 ou 15; il manque 2 unités; j'essaie 2, mais j'ai pour reste 54729 qui contient encore le diviseur, le quotient est donc 3; je retranche le diviseur de 54729 et j'ai 100 pour reste.

Soit enfin 314217 à diviser par 39428.

	4
314217	39428
38221	7

En 31, 3 est 9 fois, reste 44 qui commence par un chiffre inférieur de 4 au plus petit facteur-base, donc 9 est trop fort; j'essaie 8, reste 74 pour couvrir 72 + 4 ou 76, il manque 2 unités; j'essaie 7 qui me donne pour reste 38221, donc 7 est le quotient.

Ces cas d'incertitude ne se présentent dans les divisions que 1 fois sur 20 chiffres à trouver au quotient, comme je l'ai dit plus haut.

40. — Lorsque le quotient doit avoir plusieurs chiffres, on applique à chaque dividende partiel les règles ci-dessus.

Exemple : soit à diviser 67429856721843967 par 46748.

67429856721843967	46748
206818	1442411583850
198265	
112736	
192407	
54152	
74041	
272938	
391984	
180003	
397599	
236156	
24167	

Premier dividende : en 1, 4 est 1 fois, reste 20681 ; on n'essaie jamais 1.

Deuxième dividende : en 20, 4 est 4 fois, reste d'essai 46 qui commence par un chiffre égal au plus petit facteur base, donc 4 est exact, reste 19826. Je n'ai pas essayé 5 qui ne donne pas de reste.

Troisième dividende : en 19, 4 est 4 fois, reste d'essai 38 pour couvrir 28, reste 11273.

Quatrième dividende : en 11, 4 est 2 fois, reste d'essai 32 qui commence par un chiffre plus grand que le plus petit facteur-base.

Cinquième dividende : en 19, 4 est 4 fois, reste d'essai 32 pour couvrir 24 + 4 ou 28.

Sixième dividende : en 5, 4 est 1 fois.

Septième dividende : en 7, 4 est 1 fois.

Huitième dividende : en 27, 4 est 6 fois, reste 32 pour couvrir 42 ; j'essaie 5, reste 72 qui commence par un chiffre plus grand que le plus petit facteur-base.

Neuvième dividende : en 39, 4 est 9 fois, reste 31 pour couvrir 60 ; j'essaie 8, reste 71 qui commence par un chiffre plus grand que le plus petit facteur-base.

Dixième dividende : en 18, 4 est 4 fois, reste 20 pour couvrir 28 ; j'essaie 3, reste 60 qui commence par un chiffre plus fort que le plus petit facteur-base.

Onzième dividende : en 39, 4 est 9 fois, reste 37 pour couvrir 61 (54 + 7) ; j'essaie 8, reste 77 qui commence par un chiffre plus fort que le plus petit facteur-base.

Douzième dividende : en 23, 4 est 5 fois, reste 36 pour couvrir 35.

Treizième dividende : ne contient pas le diviseur : quotient 0.

On voit que, dans cette grande division, prise au hasard, il ne s'est pas présenté un seul cas d'incertitude.

41. — Prenons maintenant les divisions où le diviseur commence par les nombres 10, 11, 12, 13, 14, 15, 16, 17.

Pour commencer les divisions dont il s'agit, les élèves doivent savoir le tableau n° 25; alors on leur fait faire toutes ces divisions en prenant les deux premiers chiffres du diviseur.

Soit à diviser 38674 par 14528; l'élève dira : En 38, 14 est 2 fois pour 28, reste 10; ce reste, je l'appelle simplement *différence.*

1° Si la différence est au moins égale à 10, le chiffre essayé est exact;

2° Si la différence étant inférieure à 10 est au moins égale au plus petit indicateur, le chiffre essayé est exact;

3° Si la différence est inférieure au plus petit indicateur d'au moins 4, le chiffre essayé est trop fort;

4° Si la différence est inférieure au plus petit indicateur de 1, 2, 3 unités, on ne peut rien affirmer; on diminue le quotient de 1, comme dans le cas précédent; seulement il peut arriver qu'on ait ainsi un quotient trop faible; on en sera averti par le reste qui contiendra encore le diviseur.

Exemples.

1°

	5
4576	1645
1286	2

En 45, 16 est 2 fois pour 32; la différence étant au moins 10, on en conclut que 2 est exact.

2°

	4
91649	17546
4919	5

En 91, 17 est 5 fois pour 85; différence 6, supérieure au plus petit indicateur 4.

3°

	5
91642	15462
	6

En 91, 15 est 6 fois pour 90; différence 1, inférieure de 4 au plus petit indicateur 5; le quotient est trop fort.

7
66342 | 16743
18814 | 4

En 66, 16 est 4 fois pour 64; différence 2, inférieure de 2 au plus petit indicateur; je prends 5 pour quotient, et 5 se trouve exact.

5
140976 | 17456
18784 | 8

En 140, 17 est 8 fois pour 136; différence 4, inférieure de 1 au plus petit indicateur 5. Si je prends 7 pour quotient, j'obtiens pour reste 18784 qui contient encore le diviseur; donc le quotient est 8. Pour avoir le reste de la division, de 18784 je retranche le diviseur, ce qui donne 1328.

42. — Je terminerai par les divisions où le diviseur commence par un des nombres 18, 19; 27, 28, 29.

Toute la règle, dans ces divisions, consiste à faire l'opération comme si le premier chiffre du diviseur avait une unité de plus. On a ainsi un quotient approché de celui que l'on cherche, s'il n'est pas égal à ce quotient lui-même, mais on n'a jamais un quotient trop fort.

Quand le diviseur commence par 18 ou 27, il faut toujours essayer le quotient par excès, c'est-à-dire le quotient trouvé, augmenté de 1.

Quand le diviseur commence par l'un des nombres 19, 28, 29, si le dividende commence par un multiple exact du premier chiffre du diviseur augmenté de 1, le chiffre trouvé est exact, sinon il faut, comme dans le cas précédent, essayer le quotient par excès.

Les essais se font d'ailleurs, pour les diviseurs qui commencent par 27, 28, 29, comme il a été dit paragraphes 37, 38 et 39, et pour les diviseurs qui commencent par 18 ou 19 comme au paragraphe 41.

Exemples.

67294 | 18647
| 3

En 6, 2 est 3 fois, mais j'essaie 4; 4 fois 18, 40 + 32 ou 72, on voit immédiatement que 4 est trop fort; 3 fois 18 font 30 + 24 ou 54; la différence est au moins 10, donc 3 est exact.

95678 | 18647
| 5

En 9, 2 est 4 fois, j'essaie 5; 5 fois 18 font 50 + 40 ou 90; différence 5, égale au plus petit indicateur; donc le quotient est 5.

156729 | 19436
| 8

En 15, 2 est 7 fois; mais comme 15 n'est pas un multiple exact de 2, j'essaie 8; 8 fois 19 font 80 + 72 ou 152; différence 4, égale au plus petit indicateur; donc le quotient est 8.

146728 | 19436
| 7

En 14, 2 est 7 fois; comme 14 est un multiple exact de 2, je n'ai pas besoin d'essayer 7.

17649 | 2964
| 5

En 17, 3 est 5 fois; comme 17 n'est pas un multiple exact de 3, j'essaie 6; 6 fois 2, 12, reste 56 pour couvrir 54 + 6 ou 60; le reste d'essai 56 étant inférieur de 4 au produit maximum, 6 est trop fort; le quotient est donc 5.

187649 | 28743
| 6

En 18, 3 est 6 fois; comme 18 est un multiple exact de 3, je suis sûr du quotient 6.

43. — Lorsque le diviseur n'a que trois chiffres, on applique les mêmes règles. Les indicateurs sont, dans ce cas, le chiffre du quotient et le troisième chiffre du diviseur.

Lyon. — Typ. Nigon, rue Chalamont, 5

MÉTHODE NOUVELLE

POUR

APPRENDRE ET ENSEIGNER A CALCULER

AUSSI VITE QUE LA PENSÉE

ET

AVEC LA PLUS GRANDE EXACTITUDE

PAR GRANDSARD

Receveur municipal de la ville d'Épinal (Vosges).

Tableaux.

PARTIE DE L'ÉLÈVE.

LYON

A. BRUN ET Cie, LIBRAIRES DES ÉCOLES,

Rue Mercière, 5.

1854

Tout exemplaire non revêtu de la signature de l'Auteur sera réputé contrefait.

Lyon. Imp. Nigon, rue Chalamont, 7.

Tableau n° 1.

NUMÉRATION.

4	9	2	6	8	5	1	7	3
40	90	20	60	80	50	10	70	30
47	92	29	63	81	56	14	75	38
42	97	23	69	86	54	18	71	35
49	95	27	62	84	58	13	76	31
41	99	22	68	85	53	16	74	39
45	93	26	64	82	51	19	77	33
48	91	24	66	87	59	15	72	37
43	98	21	65	89	52	17	78	32
46	94	25	61	88	57	12	73	36
44	96	28	67	83	55	11	79	34

Tableau n° 2.

4	9	2	6	8	5	1	7	3
40	90	20	60	80	50	10	70	30
400	900	200	600	800	500	100	700	300
414	912	215	611	813	516	119	717	318
422	929	223	625	826	521	124	728	327
439	934	237	632	831	533	138	736	335
443	947	246	644	849	548	141	745	342
458	953	254	659	852	555	157	751	356
467	965	268	666	864	562	163	769	361
471	976	272	677	878	574	175	773	379
485	981	289	688	887	582	186	784	383
496	998	291	693	895	599	192	797	394
401	904	207	605	809	503	106	702	308
410	920	230	660	840	570	150	790	380
				Trillions.	Billions.	Millions.	Mille.	Unités.

Tableau n° 3.

0	1	2	3	4	5	6	7	8	9	
10	11	12	13	14	15	16	17	18	19	fait.
20	21	22	23	24	25	26	27	28	29	fait.
30	31	32	33	34	35	36	37	38	39	
40	41	42	43	44	45	46	47	48	49	
50	51	52	53	54	55	56	57	58	59	
60	61	62	63	64	65	66	67	68	69	
70	71	72	73	74	75	76	77	78	79	
80	81	82	83	84	85	86	87	88	89	
90	91	92	93	94	95	96	97	98	99	
100										

Tableau n° 4.

<table>
<tr><td>3
4</td><td>2
7</td><td>2
4</td><td>3
6</td><td>2
5</td><td>2
3</td><td>2
6</td><td>4
5</td><td>3
5</td></tr>
<tr><td>7
8</td><td>2
9</td><td>6
8</td><td>2
8</td><td>8
9</td><td>5
6</td><td>4
9</td><td>3
8</td><td>5
9</td></tr>
<tr><td>5
8</td><td>4
8</td><td>7
9</td><td>3
7</td><td>6
9</td><td>4
6</td><td>3
9</td><td>6
7</td><td>5
7</td></tr>
<tr><td>4
7</td><td>1
8</td><td>1
2</td><td>1
5</td><td>1
9</td><td>1
3</td><td>1
6</td><td>1
4</td><td>1
7</td></tr>
<tr><td>3
3</td><td>7
7</td><td>5
5</td><td>2
2</td><td>8
8</td><td>4
4</td><td>6
6</td><td>9
9</td><td>1
1</td></tr>
</table>

Tableau n° 5.

13	12	12	13	12	12	12	14	13
4	7	4	6	5	3	6	5	5
17	12	16	12	18	15	14	13	15
8	9	8	8	9	6	9	8	9
15	14	17	13	16	14	13	16	15
8	8	9	7	9	6	9	7	7
14	11	11	11	11	11	11	11	11
7	8	2	5	9	3	6	4	7
13	17	15	12	18	14	16	19	11
3	7	5	2	8	4	6	9	1

Tableau n° 6.

14 3	17 2	14 2	16 3	15 2	13 2	16 2	15 4	15 3
18 7	19 2	18 6	18 2	19 8	16 5	19 4	18 3	19 5
18 5	18 4	19 7	17 3	19 6	16 4	19 3	17 6	17 5
17 4	18 1	12 1	15 1	19 1	13 1	16 1	14 1	17 1
10 6	10 2	10 9	10 4	10 7	10 1	10 3	10 5	10 8

Tableau n° 3.

<table>
<tr><td>23
4</td><td>22
7</td><td>22
4</td><td>23
6</td><td>22
5</td><td>22
3</td><td>22
6</td><td>24
5</td><td>23
5</td></tr>
<tr><td>27
8</td><td>22
9</td><td>26
8</td><td>22
8</td><td>28
9</td><td>25
6</td><td>24
9</td><td>23
8</td><td>25
9</td></tr>
<tr><td>25
8</td><td>24
8</td><td>27
9</td><td>23
7</td><td>26
9</td><td>24
6</td><td>23
9</td><td>26
7</td><td>25
7</td></tr>
<tr><td>24
7</td><td>21
8</td><td>21
2</td><td>21
5</td><td>21
9</td><td>21
3</td><td>21
6</td><td>21
4</td><td>21
7</td></tr>
<tr><td>23
3</td><td>27
7</td><td>25
5</td><td>22
2</td><td>28
8</td><td>24
4</td><td>26
6</td><td>29
9</td><td>21
1</td></tr>
</table>

Tableau n° 8.

34 3	37 2	34 2	36 3	35 2	33 2	36 2	35 4	35 3
38 7	39 2	38 6	38 2	39 8	36 5	39 4	38 3	39 5
38 5	38 4	39 7	37 3	39 6	36 4	39 3	37 6	37 5
37 4	38 1	32 1	35 1	39 1	33 1	36 1	34 1	37 1
30 3	30 7	30 5	30 2	30 8	30 4	30 6	30 9	30 1

Tableau n° 9.

43 4	42 7	42 4	43 6	42 5	42 3	42 6	44 5	43 5
47 8	42 9	46 8	42 8	48 9	45 6	44 9	43 8	45 9
45 8	44 8	47 9	43 7	46 9	44 6	43 9	46 7	45 7
44 7	41 8	41 2	41 5	41 9	41 3	41 6	41 4	41 7
43 3	47 7	45 5	42 2	48 8	44 4	46 6	49 9	41 1

Tableau n° 10.

6	2	9	4	7	1	3	5	8
6	2	9	4	7	1	3	5	8
5	9	2	7	4	0	8	6	3
2	9	4	7	1	3	5	8	6
9	2	7	4	0	8	6	3	5
9	4	7	1	3	5	8	6	2
2	7	4	0	8	6	3	5	9
4	7	1	3	5	8	6	2	9

Tableau n° 11.

6	2	9	4	7	1	3	5	8
7	9	5	8	1	4	3	2	6
4	2	6	3	1	7	8	9	5

9	6	2	3	5	3	7	7	8
6	5	3	8	1	9	4	7	2

5	4	6	3	7	1	9	4	7
9	6	8	2	5	7	1	3	4

Tableau n° 12.

3	7	5	6	6	3	5	4	2
4	9	6	9	8	5	8	5	4
5	5	9	4	4	6	8	2	8
8	8	2	7	3	5	3	7	3
5	6	7	4	5	1	6	4	2
3	7	4	3	3	2	9	2	3

Tableau n° 13.

8	2	3	3	9	2	9	4	2
8	6	4	1	8	5	9	1	6
7	9	8	8	6	4	7	1	2
6	7	9	9	9	4	2	1	1
5	9	2	6	3	8	9	3	2
7	7	2	1	5	3	6	3	2
1	4	5	1	7	9	1	5	6

Tableau n° 14.

3	7	5	6	6	3	5	4	2
4	9	6	9	8	5	8	5	4
5	5	9	4	4	6	8	2	8
8	8	2	7	3	5	3	7	3
5	6	7	4	5	1	6	4	2
3	7	4	3	3	2	9	2	3
8	6	4	1	8	5	9	1	6
7	9	8	8	6	4	7	1	2
6	7	9	9	9	4	2	1	1
5	9	2	6	3	8	9	3	2
7	7	2	1	5	3	6	3	2
1	4	5	1	7	9	1	5	6

Tableau n° 15.

3	9	8	5	6	3	7	5	8
3	4	2	5	2	1	3	4	3
8	2	8	3	7	3	7	9	6
4	1	5	9	5	0	6	3	6
6	5	6	5	1	4	1	4	2
6	7	7	8	1	8	2	9	0
2	8	3	8	3	7	9	7	9
1	4	9	5	0	5	3	6	4
9	6	5	1	5	1	4	2	4
47	1	8	2	3	6	7	3	2

Tableau n° 16.

8	2	5	9	8	5	7	3	4
4	3	4	5	2	3	7	4	2
9	6	5	9	6	5	1	4	2
6	1	1	7	7	8	4	3	4
4	2	8	3	2	8	3	7	9
9	3	9	3	4	5	0	8	8
7	9	6	5	1	6	5	1	4
6	4	9	2	5	0	8	2	1
1	4	2	8	3	7	8	3	7
5	9	1	7	4	9	8	0	6
6	7	9	6	5	1	4	5	1
0	9	4	7	0	6	2	1	2
2	8	4	2	8	3	7	9	3
7	4	4	9	2	2	9	5	3

Tableau n° 17.

7	9	6	9	6	7	4	5	8
3	2	3	3	2	2	7	2	2
10	9	8	5	1	4	4	0	7
5	4	3	7	9	2	6	2	8
11	3	6	1	4	3	2	8	6
5	4	8	3	5	5	4	4	7
10	5	0	2	2	8	3	2	1
3	6	4	6	3	9	6	5	4
2	9	3	6	0	4	7	5	8
1	1	1	1	1	1	1	1	1

Tableau n° 18.

7	9	6	9	6	7	4	5	8
4	7	3	6	4	5	7	3	6
10	9	8	5	1	4	4	6	7
5	5	5	8	2	2	8	4	9
11	3	6	1	4	3	2	8	6
6	9	8	8	9	8	8	4	9
10	5	0	2	2	8	3	2	1
7	9	6	6	9	9	7	7	7
2	9	3	6	0	4	7	5	8
1	8	2	5	9	3	6	4	7

Tableau n° 19.

3 2 2 4 7 4	3 2 2 6 5 3	2 4 3 6 5 5
7 2 6 8 9 8	2 8 5 8 9 6	4 3 5 9 8 9
5 4 7 8 8 9	3 6 4 7 9 6	3 6 5 9 7 7
4 3 7 7 3 7	5 2 8 5 2 8	4 6 9 4 6 9

Tableau n° 20.

6 2 9	4 7 1	3 5 8
6	6	6
6 2 9	4 7 1	3 5 8
2	2	2
6 2 9	4 7 1	3 5 8
9	9	9
6 2 9	4 7 1	3 5 8
4	4	4
6 2 9	4 7 1	3 5 8
7	7	7
6 2 9	4 7 1	3 5 8
3	3	3
6 4 9	4 7 1	3 5 8
5	5	5
6 2 9	4 7 1	3 5 8
8	8	8

Tableau n° 21.

6 2 9 6 2	4 7 1 6 2	3 5 8 6 2
6 2 9 9 4	4 7 1 9 4	3 5 8 9 4
6 2 9 7 3	4 7 1 7 3	3 5 8 7 3
6 2 9 5 8	4 7 1 5 8	3 5 8 5 8

6 2 9 4 6 2 9	7 3 5 8 6 2 9
6 2 9 4 4 7 3	7 3 5 8 4 7 3
6 2 9 4 6 5 8	7 3 5 8 6 5 8

Tableau n° 22.

12—4—6	20—5	36—9—6	64—8
14—7	15—5	4—2	54—9
8—4	56—8	24—8—6	27—9
18—6—9	48—8	45—9	42—7
9—3	16—8—4	40—8	81—9
10—5	25—5	32—8	35—7
6—3	72—9	63—9	28—7
49—7	30—6	21—7	

Tableau n° 23.

12—3—2	20—4	30—5	63—7
14—2	15—3	36—4	21—3
8—2	56—7	24—3—4	54—6
18—3—2	48—6	45—5	27—3
10—2	16—2	40—5	42—6
6—2	72—8	32—8	35—5
			28—4

Tableau n° 24.

1re partie.	Diviseurs :	2,	3,	4,	5,	6,	7,	8,	9.		
	Dividendes :	10,	11,	12,	13,	14,	15,	16,	17,	18,	19.
2e	Diviseurs :	3,	4,	5,	6,	7,	8,	9.			
	Dividendes :	20,	21,	22,	23,	24,	25,	26,	27,	28,	29.
3e	Diviseurs :	4,	5,	6,	7,	8,	9.				
	Dividendes :	30,	31,	32,	33,	34,	35,	36,	37,	38,	39.
4e	Diviseurs :	5,	6,	7,	8,	9.					
	Dividendes :	40,	41,	42,	43,	44,	45,	46,	47,	48,	49.
5e	Diviseurs :	6,	7,	8,	9.						
	Dividendes :	50,	51,	52,	53,	54,	55,	56,	57,	58,	59.
6e	Diviseurs :	7,	8,	9.							
	Dividendes :	60,	61,	62,	63,	64,	65,	66,	67,	68,	69.
7e	Diviseurs :	8,	9.								
	Dividendes :	70,	71,	72,	73,	74,	75,	76,	77,	78,	79.
8e	Diviseur :	9.									
	Dividendes :	80,	81,	82,	83,	84,	85,	86,	87,	88,	89.

Tableau n° 25.

12-13 6	14-15 2	16-17 9	12-13 4	14-15 7	16-17 3
12-13 5	14-15 8	16-17 6	12-13 2	14-15 9	16-17 4
12-13 7	14-15 3	16-17 5	12-13 8	14-15 6	16-17 2
12-13 9	14-15 4	16-17 7	12-13 3	14-15 5	16-17 8

www.ingramcontent.com/pod-product-compliance
Ingram Content Group UK Ltd.
Pitfield, Milton Keynes, MK11 3LW, UK
UKHW022138190726
13855UKWH00003B/1222

9 782013 062268